CONSIDÉRATIONS

GÉNÉRALES

SUR

L'ART DE FAIRE LE VIN,

Par POUTET, PHARMACIEN CHIMISTE,

Membre de l'Académie de Marseille, de la Société Royale de Médecine de la même Ville, de la Société de Statistique ; Membre correspondant de l'Académie Royale de Médecine et de la Société de Pharmacie de Paris, de la Société des Amis des Arts utiles de Lyon, etc.

MARSEILLE,

TYPOGRAPHIE D'ANTOINE RICARD,

IMPRIMEUR DE LA PRÉFECTURE ET DE LA VILLE,

Rue Cannebière, N° 19.

SEPTEMBRE 1828.

CONSIDÉRATIONS

GÉNÉRALES

SUR

L'ART DE FAIRE LE VIN.

Lorsqu'on réfléchit sur les différences de goût que présentent les vins de France et de l'Étranger, on se demande d'abord si c'est aux espèces de raisins qu'on doit ces variations, ou à la nature des procédés de vinification employés dans les diverses régions de la terre. Il est clair que ces causes contribuent beaucoup à ces changemens ; mais elles sont aussi accompagnées de circonstances très-importantes, telles que la nature du sol et l'état de la température sous laquelle la vigne se trouve exposée : de là s'ensuit l'abondance ou la médiocrité de matière sucrante dans le raisin qui reçoit plus ou moins l'influence des rayons solaires. C'est pourquoi nous voyons les vins du Nord être secs, parce que l'eau constituante du moût excède les proportions de sucre insuffisantes pour obtenir des vins alcooliques, tandis que dans quelques cantons de la Provence et du Languedoc, et surtout en Espagne, le sucre s'y trouve en excès : aussi, les vins de ces contrées sont susceptibles de rester encore douceâtres quoique très-spiritueux.

Il est donc deux inconvéniens qu'il faut éviter si l'on veut obtenir des vins généreux ; et, à coup sûr, ce ne sera pas à l'aide de l'appareil Gervais qu'on y parviendra totalement. L'expérience m'a prouvé qu'au delà de 11 à 12 degrés du gleucomètre, le moût de raisin produit un vin encore douceâtre, même plusieurs mois après son obtention, et qu'à deux ou trois degrés au-dessous de ce terme, les vins sont faibles, aqueux et dans le cas de tourner.

L'inconvénient attaché aux raisins qui mûrissent imparfaitement dans les contrées septentrionales et quelquefois dans certains cantons du Midi, est un de ceux auxquels on ne peut guère parer que par le secours de l'art et des préceptes qu'on ne saurait trop répandre pour les mettre en pratique. Quelques vignerons se contentent de jeter du moût bouillant dans la cuve, sans en opérer la concentration. Ce liquide chaud accélère, il est vrai, la fermentation, la rend plus tumultueuse; mais quand tout le sucre de raisin du moût, que je suppose à 8 ou 9 degrés, sera converti en alcool et en acide carbonique, le vin qui en proviendra sera faible et de peu de garde, parce que l'eau constituante du moût s'y trouvera en excès, et qu'il ne contiendra pas assez d'alcool pour sa conservation. Il convient donc que, si les cuves sont surtout d'une grande capacité, on y jette plusieurs chaudronnées de moût qu'on aura fait évaporer au moins jusqu'à moitié, pour qu'au moyen de ce demi-sirop, le moût auquel on le combine se rapproche du terme de densité (1) que l'on doit s'efforcer d'atteindre.

Les chaudières, pour cette opération, doivent être peu profondes et aussi évasées que possible, afin d'accélérer l'évaporation du moût qu'on exposera sur un feu vif. A défaut des unes on se servira toujours des autres; car, lors même que le suc de raisin, en s'évaporant lentement, se caraméliserait davantage, ce léger goût de caramel ne peut qu'améliorer la qualité du vin.

---

(1) 11 degrés à 11 degrés ½ du gleucomètre ou pèse-moût.

On pourra facilement suppléer aux chaudronnées de moût concentré, en ajoutant à la cuve en fermentation une quantité suffisante de sirop ou conserve de raisin, pour amener la totalité du moût à 11 degrés du pèse-sirop ou d'un bon gleucomètre (1). On ajoutera peu à peu ce sirop à la totalité du moût, on brassera bien le mélange au moyen d'une perche, et on fera couler par le robinet de la cuve, dans un vase cylindrique de grès ou de verre, le moût ainsi mélangé ; puis on y plongera le gleucomètre : on cessera d'ajouter du sirop à la cuve, lorsque le moût, convenablement sucré, marquera 11 degrés à cet instrument.

Que les propriétaires qui, pour la plupart, sont étrangers à la chimie, ne redoutent pas de trouver, après la fermentation, le moût concentré ou la conserve de raisin dans leur état naturel. Ces matières sucrantes se convertiront en alcool, au moyen de l'eau surabondante du moût et de la matière féculente du raisin, et le vin sera aussi spiritueux qu'on pourra le désirer.

Si ce précepte, déjà répandu par le savant

---

(1) Pour pouvoir se servir avec sécurité d'un gleucomètre, il doit marquer 9 degrés à la liqueur d'épreuve de Descroizilles, et dans laquelle on plongera cet instrument. Les aréomètres sont si variables qu'il convient de les soumettre à cette épreuve facile.

M. Parmentier, était enfin reconnu , l'agronome y trouverait son avantage ; il parerait par là aux inconvéniens des années froides et pluvieuses. Son vin serait de garde et parfait , tandis que les fabriques de sirop se rouvriraient partiellement pour un genre d'industrie qui intéresse tout à la fois le commerçant et l'agriculteur. L'excédant de nos moûts , dans certains cantons du Midi , serait converti en matière sucrante , dont l'emploi deviendrait considérable.

C'est au gouvernement royal qu'il appartient d'encourager cette nouvelle branche d'industrie : on remédierait par là aux défauts d'une portion de nos vins , et le sucre de raisin remplacerait le sucre de canne employé à cet usage dans les départemens septentrionaux.

Les personnes seulement habituées aux calculs mercantiles trouveront peut-être que la conserve de raisin leur coûtera bien plus que si elles n'en mettent pas du tout à la cuve en fermentation ; mais en cela leur spéculation sera évidemment fausse, parce qu'au moyen de cette addition elles auront des vins généreux , propres à l'exportation, qualités que n'ont pas la plupart de ceux qui sont vendus aux distillateurs , car le vin tourne d'autant plus facilement qu'il est moins spiritueux.

Or, comme l'alcool ou l'esprit nécessaire à

la conservation du vin et de sa matière colorante ne provient que du sucre de raisin ,
et que ce dernier se convertit en alcool à
l'aide de la fécule de ce fruit et de la fermentation , il importe que les vins soient assez
alcoolisés , pour qu'ils ne soient pas dans le
cas de tourner , ou , en d'autres termes , d'é-
prouver une décomposition qui détermine la
précipitation de la matière colorante, en laissant
le vin trouble et d'une saveur désagréable : dans
cet état , on y décèle à peine des traces de
spirituosité, et on remarque ensuite que l'alcool
finit par disparaître totalement.

Cet inconvénient est grave , sans doute , mais
on pourra l'éviter au moyen d'un à deux cen-
tièmes de sirop ajouté au moût le jour de la
vendange , toutes les fois , bien entendu , que
le moût ne marquera que 8 à 10 degrés au
gleucomètre.

On peut voir clairement par ce que je viens
d'exposer , que ce ne sera pas à l'aide de
l'appareil Gervais qu'on pourra faire de très-
bons vins avec des moûts faibles. Cet appareil
ne produit pas d'autre effet que celui d'une
cuve simplement couverte et à laquelle on
laisserait une légère issue pour le dégagement
du gaz acide carbonique. La Commission de
l'Académie de Marseille , dont j'eus l'honneur

d'être membre, reconnut, il est vrai, par ses expériences, que le *vin Gervais* avait un goût plus suave que celui fait à découvert; mais, avouons-le, cet appareil, dont l'origine remonte aux travaux de Sthal, ne constitue pas à lui seul l'art de faire le vin : il est d'autres conditions qui tiennent à l'action des lois chimiques, dont la nature ne s'écarte pas dans la fermentation vineuse.

Jetons un coup d'œil observateur sur les véritables fonctions de l'appareil Gervais, qui ne diffère pas d'une cuve couverte et surmontée d'un alambic à la Baumé, et disons que tout son mérite consiste à priver le vin ou la masse fermentante du contact de l'air et, par conséquent, de l'acescence qui, par les procédés ordinaires, n'atteint pourtant que la superficie des rafles. Le gaz acide carbonique est en partie chassé par le tuyau recourbé de l'appareil: mais comment se ferait-il que le gaz, qui est plus pesant que l'air atmosphérique, et, par suite, moins léger que l'arôme du vin, s'échapperait seul par ce tuyau sans l'alcool et l'arôme? Cette proposition, déduite des promesses de Mlle Gervais, me paraît hors de toute vraisemblance.

Il est bon de faire remarquer ici que l'appareil de Mlle Gervais, pour lequel elle a obtenu un brevet d'invention , semblerait être dépendant du domaine public , et je ne sache point qu'on ait pu donner une preuve plus évidente de cette assertion que par la citation suivante, extraite du Mémoire de *l'abbé Rozier* sur la manière de faire le Vin et qui a remporté le prix à l'Académie de Marseille , en 1770.

« Mais un moyen des meilleurs et des
« plus efficaces pour perfectionner la fermen-
« tation, est de couvrir la cuve. Ce couvercle
« retient le gaz, du moins en partie, et ce
« gaz est essentiel *pour désunir les principes du*
« *raisin* et pour les changer en vin. Ce n'est
« point une nouveauté de spéculation que j'an-
« nonce et imaginée dans le fond d'un cabinet,
« mais un fait de pratique fondé sur l'expérience
« et dont, de plus en plus, je reconnais le
« succès. Le sentiment de Sthal est que les
« vapeurs qui se perdent pendant la fermen-
« tation, diminuent beaucoup la partie spiri-
« tueuse de la liqueur. (Voyez sa *Zimotechnie*)
« Journal Économique de novembre , dans
« lequel l'auteur propose de couvrir la *cuve*
« *d'une espèce de casque ou de tuyau recourbé.*
« Les esprits qui s'élèvent pendant la fermen-
« tation, ne pouvant s'échapper qu'en petite
« quantité, se mêlent et se recombinent de
« nouveau avec la liqueur fermentante. »

Voilà dans tout son jour l'appareil de Mlle Gervais, conseillé d'abord par Sthal, puis imaginé par cette Demoiselle; car, quelle différence y a-t-il entre un casque représenté par l'intérieur d'un chapiteau et le chapiteau de Mlle Gervais? Je n'en vois qu'une, celle d'ajouter de l'eau sur ce casque entouré d'un réfrigérant, ce qui est parfaitement inutile, puisqu'une fois que l'eau, dans l'espace de quelques heures, est parvenue au degré de température de l'atmosphère, elle ne produit pas plus d'effet que s'il n'y avait pas le moindre volume.

Si la clôture des cuves, soit au moyen du couvercle de Bertholon (1), soit à l'aide de l'appareil Gervais, a l'avantage de priver le vin du contact de l'air extérieur, il n'en est pas moins vrai, comme l'avoue Mlle Gervais elle-même, que, par son procédé, on ne peut

______

(1) Le couvercle de Bertholon est à double fond; on l'ajuste parfaitement au-dessus de la cuve. Un propriétaire du Languedoc, d'après ce qu'rapporte l'abbé Rozier, faillit faire crever ses cuves et sauter le couvert de sa maison, par un pied droit qu'i avait fixé perpendiculairement entre ce couvercle et l'une des poutres de son cellier. C'est pourquoi, il convient de ne pas fixer les couvercles des cuves de cette manière, au cas qu'on veuille opérer à vaisseau clos, et de modifier ce procédé, en établissant une légère soupape en fer, à charnière, susceptible de laisser dégager l'excès de gaz acide carbonique résultant de la fermentation vineuse, et dont l'expansion, quelquefois excessive, peut occasionner l'explosion des cuves bien fermées.

décuver que vingt jours après l'introduction du moût dans la cuve ; ce que beaucoup de propriétaires considèrent comme un inconvénient dans les grands vignobles , à moins de multiplier les cuves et de n'être pas obligé d'attendre cet espace de temps pour une nouvelle vendange.

La raison pour laquelle le vin n'est fait que plus tard au moyen des cuves parfaitement couvertes, c'est que le moût est privé du contact de l'air extérieur, et que la fermentation s'opère plus lentement ; tandis que par la méthode ordinaire l'oxigène de l'atmosphère favorise le mouvement fermentatif, et le vin est plus tôt obtenu.

Il paraît cependant qu'au moyen des cuves couvertes ou de l'appareil Gervais, le vin est fait au onzième ou douzième jour, et que, durant les huit autres, il s'opère des changemens qui n'ont lieu ordinairement que quelque temps après le décuvage, c'est-à-dire, qu'alors le vin est tout-à-fait alcoolisé ; que le ferment auquel on doit attribuer la non transparence du vin nouveau se précipite totalement dans la cuve, et qu'on obtient ce liquide tout-à-fait transparent au décuvage.

Cette méthode procure quelquefois des vins qui, quoique transparens, contractent des défauts dans la cuve, pour peu que l'air extérieur s'y soit introduit ; le vin tend à passer à l'état acide , ou bien si le bois des cuves (inconvénient que n'ont pas celles en maçonnerie) a la moindre odeur de moisissure, l'alcool du vin s'en empare, et ce défaut est le plus grand que l'on puisse rencontrer. Bien plus, pour que la clarification du vin puisse avoir lieu , il faut que la fermentation du moût soit entièrement terminée ; et dans ce cas, le chapeau de la vendange est entièrement affaissé ; le vin le recouvre et s'empare d'autant plus de l'âpreté du marc des raisins, que ceux-ci n'ont pas été égrappés. Voilà pourquoi les propriétaires de certains Cantons, qui couvrent hermétiquement leurs cuves à l'aide d'un couvercle en planches, obtiennent des vins âpres, à la vérité plus colorés , mais dont la plupart ne supportent point de si rudes épreuves , surtout si le degré de saccharification des moûts n'est pas susceptible de procurer des vins très-spiritueux. En pratiquant une pareille méthode, les vins tournent souvent par les causes déjà énoncées.

Pour tenir un juste milieu entre le désavantage d'opérer à vaisseau clos et les effets trop actifs de l'air atmosphérique sur la masse du moût en fermentation, je fais mettre sur ma cuve deux à trois longues perches qui en traversent le diamètre, et sur lesquelles je mets une à deux couvertures de laine, suivant la capacité de la cuve : je me sers des couvertures de laine si la température de l'automne se trouve plutôt froide que chaude ; mais si, au contraire, le moût de la vendange est dans le cas d'éprouver les effets de l'élévation de la température, ou pour m'exprimer autrement, si le temps est chaud, je ne mets sur la cuve que deux à trois draps de toile doublés sur eux-mêmes, et je ferme le cellier pendant tout le temps de la fermentation vineuse.

Ces observations sont très-importantes ; car, avec un temps chaud, et surtout si on a recouvert la cuve de tissus de laine, la fermentation devient alors très-tumultueuse, et le vin tend à s'acétifier. Ce fait est tout-à-fait dépendant de la doctrine de Boerrhave, que la température de 20 degrés favorise la fermentation acétique.

Or puisqu'il convient, pour l'obtention du vin, de compléter seulement la fermentation spiritueuse, on se servira avec succès des tissus de toile ou de laine, pour couvrir les cuves, suivant l'état de la température.

Un couvercle en planches, appliqué aux grandes comme aux petites cuves, et auquel on laissera une issue pour le dégagement du gaz acide carbonique, produira le même effet, le seul qu'on doive attendre , pour garantir le vin de l'acescence. D'ailleurs cet accident est aussi amené , soit par l'exiguité ou l'excès du principe sucré dans le moût , soit par la malpropreté des tonneaux et par le soutirage du vin à une température trop chaude : un trop grand accès de l'air atmosphérique durant la fermentation exerce également cette dangereuse influence ; aussi remarque-t-on dans tous nos vignobles , qu'il y a deux à trois pouces de rafles en contact avec l'air , qui passent à la fermentation acide. Les agriculteurs ont le soin d'enlever cette portion de marc acétifié , avant d'opérer le pressurage du marc dans les grands vignobles , ou avant la préparation des piquettes dans le territoire de Marseille.

La superficie des rafles étant donc dans le cas de passer à l'état acide , il est très-essentiel de ne pas laisser submerger le chapeau de la vendange par le vin , après la fermentation ; et aussitôt que ce chapeau , composé des rafles et des pellicules de raisins , commence à s'affaisser bien ostensiblement , il ne faut pas hésiter à décuver le vin et à le recevoir dans des tonneaux bien propres et légèrement soufrés.

Si , au contraire , l'opération du décuvage est pratiquée trop tard , ou un à deux jours après l'entière confection du vin , celui-ci s'emparc de l'acidité de la superficie des rafles, et ce levain ne manque pas de le faire tourner tôt ou tard à l'aigre.

On reconnaît donc que le vin est fait, à l'affaissement partiel du chapeau de la vendange (1) et lorsqu'on n'entend plus qu'un léger sifflement dans la masse fermentescible. Le plus sûr moyen, dans ce cas, consiste à extraire par le robinet de la cuve une certaine quantité de vin dans un cylindre de verre ou de fer-blanc, et de plonger le gleucomètre dans le vin qui doit y marquer zéro ou un degré au-dessus ; car, plus on se rapproche de ce dernier terme, plus la fermentation est complète. C'est alors le moment de décuver le vin dont la saveur n'est presque plus sucrée.

J'ai observé qu'en décuvant le vin seulement à zéro, ce liquide encore chaud marque alors un degré au gleucomètre ou pèse-moût, tandis qu'en le décuvant à un degré de l'œnomètre ou pèse-vin, il reste à zéro lorsqu'il est froid

---

(1) Il est des œnologues qui attendent que le chapeau de la vendange soit bien élevé par la fermentation , et qui placent alors au milieu du chapeau une planche au centre de laquelle on a fixé une tige en bois graduée, ou sur laquelle sont inscrits plusieurs numéros bien ostensibles ; et aussitôt que le N° observé au niveau de la partie supérieure de la cuve a disparu, ou a plongé dans cette dernière, c'est une preuve que le chapeau s'est déjà affaissé , que le vin est fait et qu'il faut procéder au décuvage.

et que le liquide est moins dilaté ; puis, qu'après son séjour dans les tonneaux et après sa fermentation insensible, il marque deux degrés de l'œnomètre en verre ; car ce terme est le *maximum* du degré de spirituosité du vin.

Il n'en est pas de même de l'œnomètre en argent, selon Cartier, basé sur un autre système que celui de l'ingénieur Chevallier, et consistant en une boule creuse surmontée d'une tige plate, graduée, marquant jusqu'à 18 degrés à cet instrument.

Le vin parfaitement achevé, qui ne marquera que deux degrés à l'œnomètre en verre, en donnera huit à celui de Cartier, vers le mois de novembre ; on trouve jusqu'à dix degrés de spirituosité au vin, dans l'espace d'un an, et plus tard le même liquide finit par indiquer jusqu'à douze degrés à cet œnomètre d'argent ; c'est ce que marquent tous les bons vins vieux.

On peut donc avancer, sans crainte d'être démenti, que le pèse-moût de l'ingénieur Chevallier est parfaitement en rapport avec le pèse-vin de Cartier, et que celui-ci indique d'une manière précise que si un vin marque douze degrés de spirituosité, le moût dont il est provenu contenait également douze degrés de sucre de raisin, de tartre, ou de matière fermentescible.

2

L'œnomètre de Cartier est néanmoins infi-
dèle , lorsque le vin recèle encore du sucre
de raisin non décomposé , et se trouve , en
conséquence , douceâtre. La présence du sucre ,
comme corps pesant , augmente la pesanteur
spécifique du vin et diminue la légèreté de l'alcool dont l'œnomètre tend à apprécier la quantité approximative. C'est pourquoi le petit alambic de Descroizilles , ou tout autre basé sur le
même système , est indispensable aux distillateurs pour reconnaître la quantité d'alcool dans
le vin.

L'égrappage est plus particulièrement pra-
tiqué au territoire de Marseille , et n'est presque
.:s usité dans les cantons d'Auriol , de Ro-
·:ievaire et de la côte maritime du département
.u Var.

Je suis porté à croire avec M. Rougier de
la Bergerie , que l'égrappage absolu a des inconvéniens pour la conservation du vin : le
principe acerbe , ou pour mieux dire , le tannin
contenu dans la grappe de raisin , agit comme
moyen conservateur de ce liquide. Je suis loin
de penser, cependant , que les vins de Marseille
soient moins susceptibles de se conserver que
ceux des cantons où l'égrappage n'est pas même
opéré partiellement ; mais tout ce que je dois
dire , c'est que nos expéditeurs qui , à la vérité,

obtiennent ces derniers à meilleur compte, les préfèrent pour les exportations maritimes, parce qu'ils sont plus colorés , et que le vin de Marseille , d'ailleurs généralement estimé, est presque tout consommé dans cette ville ou dans son territoire.

On doit donc laisser un tiers de grappes avec toutes les pellicules de raisin dans la cuve en fermentation. Je suis satisfait de cette méthode pour la confection de mon vin ; le goût, l'arôme et le degré de coloration en sont très-agréables : il se clarifie peu de jours après le décuvage ; le tannin existant dans le vin exerce une action plus prompte sur l'albumine du moût, en opère plus tôt la précipitation, et se combine partiellement avec cette dernière.

Néanmoins on laissera le tiers de grappes avec le moût en fermentation toutes les fois que les raisins proviendront presque totalement de vignes vieilles, ou depuis quelque temps assez productives. Mais dès qu'on aura environ la moitié ou la totalité de raisins dits *de plantier*, ou pour mieux dire, de vignes nouvelles, on fera égrapper totalement le résultat de la vendange, et on y fera entrer toutes les pellicules de raisins, qui, dans ce cas, contiennent assez de tannin ou de principe acerbe, nécessaire à la conservation du vin.

On a déjà vu par ces divers exposés que l'art de faire le vin ne peut être basé sur des principes généraux ; tantôt l'égrappage n'est opéré dans aucune contrée , tantôt il faut l'exécuter partiellement , tantôt enfin il convient de le pratiquer d'une manière absolue.

Mais on peut émettre en principe assez général de décuver le vin après la fermentation du moût, dès que le chapeau de la vendange est déjà affaissé , ou que le vin marque zéro ou un degré au-dessus de ce terme. Sans cette précaution , ce liquide peut acquérir, comme je l'ai déja dit, des qualités préjudiciables par son long séjour dans les cuves, soit que celles-ci soient en bois ou en maçonnerie.

Ainsi , observer le degré de saccharification du moût , qui doit être de 11 à 12 degrés au gleucomètre , le faire fermenter pendant six jours environ, et jusqu'aux signes déjà décrits; décuver aussitôt et le recevoir dans des tonneaux très-propres, dont la capacité soit remplie de gaz acide sulfureux , obtenu par la combustion des mèches soufrées. Voilà la méthode qu'on peut employer le plus généralement pour l'obtention d'un vin spiritueux.

Des personnes très-exercées (1) dans l'art

____

(1) MM. Légier et Samat , et Bergasse , propriétaires de Chaix à Marseille.

de faire le vin , reçoivent le vin nouveau, en sortant de la cuve , dans des futailles de chêne neuf de deux hectolitres , et laissent continuer la fermentation insensible dans les tonneaux qu'on ouille soigneusement avec le même vin. Elles opèrent le soutirage du vin , d'un tonneau dans un autre, vers la fin de février , en les dépouillant de la lie nouvelle , les lavant et les soufrant comme à l'ordinaire. Il suffit d'avoir un tonneau vide , pour en vider et remplir successivement 7 à 8 , et de remettre le vin trouble, mêlé de lie, dans un seul bien bouché pour attendre la précipitation de cette dernière.

Au moyen de cette méthode , le vin ne perd pas son bouquet naturel, et acquiert bien plutôt, avec le goût de chêne , celui du vin vieux , que si on laisse le même vin dans des tonneaux ordinaires de châtaignier ou de chêne, qui ont plus ou moins servi ; par ce procédé , le vin d'un an est aussi parfait que celui de deux à trois feuilles, préparé à la méthode ordinaire. J'ai goûté du vin de MM. Légier et Samat, préparé de cette manière , et je l'ai trouvé parfait. Jusqu'à présent je n'ai pas tout-à-fait suivi leur méthode , dont je n'ai été instruit qu'après la dernière vendange ; mais, depuis deux à trois ans, j'ai versé le vin , à l'époque du soutirage , dans des futailles neuves où je le laisse séjourner pendant six mois, après lesquels j'en opère encore le soutirage.

Je me propose cependant d'exécuter, à la prochaine vendange, le procédé de MM. Légier et Samat, pour ce qui concerne l'introduction du vin en futailles neuves, immédiatement après le décuvage, parce que je crois ce procédé fort bon, et que le goût de chêne assez généralement recherché, n'est pas aussi parfait lorsqu'on remplit les futailles à l'époque du soutirage.

En admettant que cette méthode ne peut être usitée par les grands propriétaires, qu'elle est plus particulièrement praticable par ceux qui n'ont pas des quantités considérables de vin à entonner, les uns et les autres peuvent se procurer néanmoins l'avantage d'exécuter ce moyen pour la provision du vin nécessaire à leur consommation. Il suffit d'ouiller de temps en temps les futailles avec du vin de l'année de bonne qualité, et de le soutirer tous les semestres, ou plutôt vers la fin de février et d'octobre, époques auxquelles la température est plutôt froide que chaude.

Les futailles neuves, il est vrai, absorbent un peu plus de vin que celles qui ont déjà servi, et qui, en termes techniques, sont déjà avinées. Mais on est certain que par cette méthode les futailles ne communiquent aucun mauvais goût au vin, et qu'au contraire, il acquiert un arôme agréable à la généralité des consommateurs. Cet arôme est ordinairement supérieur à celui de la framboise ou de tout autre moyen par lequel on procure au vin un bouquet agréable. Ce que je puis assurer, c'est qu'en employant des futailles neuves de chêne, le vin se conserve plus long-temps. On a seulement le soin de faire remplacer, chaque année, les futailles qui ont déjà servi et que les propriétaires de chaix, tels que MM. Légier et Comp^e, reprennent au cours de cet article, sans dédommagement, toutes les fois qu'elles se trouvent en bon état.

Dès qu'on a du vin ainsi préparé et dont la saveur paraît satisfaisante, soit qu'il ait séjourné un an ou deux en futailles, on doit le mettre aussitôt en bouteilles, qu'on bouche soigneusement et qu'on tient dans une position horizontale, ou couchées sur leur flanc pour que le bouchon, toujours mouillé par son contact avec le vin et dans un état constant de gonflement, s'oppose à l'introduction de l'air atmosphérique dans les vases.

La méthode de MM. Légier et Samat est celle employée par les Bordelais et les propriétaires de la Bourgogne, et l'on peut dire qu'elle est le plus grand auxiliaire à l'amélioration du goût des vins de Bordeaux.

J'ai dit qu'on devait mettre aussitôt le vin en bouteilles, lorsque sa saveur était satisfaisante et que, surtout, sa spirituosité indique qu'il a parcouru tout le cercle d'une fermentation complète ; car si on le transporte dans des barils ordinaires de 3o litres pour le faire parvenir en ville, le plus court séjour dans ces vases suffit pour faire absorber au vin le goût de chêne, et quelquefois lui en faire acquérir un très-désagréable. Il arrive que le bois des petits barils est presque toujours imprégné d'une odeur acide qui devient souvent nuisible.

Il est donc important de faire transporter ce vin en ville dans l'une des futailles de chêne qui servent dans le cours de l'année, et après l'avoir récemment soutiré.

Le soutirage du vin s'opère à Marseille vers la fin du mois de févier, ou au commencement de mars, pour l'introduire dans des tonneaux bien lavés, très-secs et convenablement soufrés. Si on attend plus tard, des chaleurs précoces, en Provence, mettent en jeu la nouvelle fermentation qui se manifeste plus ou moins dans le vin, soit qu'il ait été ou non soutiré. Il arrive que si cette opération indispensable est tardive , la lie se combine , par le mouvement fermentatif , à la masse du vin auquel elle imprime souvent un levain acétifiant.

La lie résultant de la combinaison de la fécule , d'une portion de tartre et de la matière colorante du raisin , est donc un ferment par elle-même ; elle contient celui que Théodore de Saussure a isolé tout récemment de la fécule fraîche du raisin , et auquel il trouve la plus grande analogie avec la levûre de bière. La lie ne peut donc que nuire dans le vin dont on négligerait le soutirage.

Ceux qui observent les effets périodiques de la fermentation vineuse , auront remarqué , comme moi, que depuis le moment qu'on décuve le vin jusqu'à l'époque du soutirage , il conserve un goût piquant d'acide carbonique , outre la spirituosité qu'on y distingue toujours, mais qu'après le soutirage , la fermentation printanière détermine un changement favorable dans le vin , lui fait perdre la saveur piquante et gazeuse , et contribue à lui faire acquérir une parfaite spirituosité.

Ce changement est autant déterminé par la nouvelle fermentation que par l'action immédiate de l'air durant le soutirage.

Il est temps , je le pense , de revenir à mes

propositions sur les deux inconvéniens qu'il faut éviter pour obtenir des vins spiritueux et non des vins aqueux ou encore douceâtres. J'ai déjà indiqué le moyen de parer au premier de ces inconvéniens par l'addition du moût bouillant ou de la conserve de raisin à des moûts trop aqueux pour les porter à 11 degrés du gleucomètre ; quant au second, il a lieu toutes les fois que le moût excède 12 degrés $\frac{1}{2}$ du même instrument, et qu'on l'extrait des vignobles exposés à une haute température. Si le principe sucré est trop abondant dans le moût, le sucre en excès ne se décompose pas ; il reste alors dans le vin qui n'est pas goûté par les consommateurs, et souvent l'acescence est le résultat de cet excès de sucre, ou bien les vins passent au gras et deviennent gluans.

Pour éviter cet inconvénient grave dans les cantons dont l'exposition est méridionale, il faut vendanger de bonne heure et aussitôt que les raisins sont mangeables. Cet avis ne saurait être trop recommandé aux habitans de certaines contrées, qui, pour peu que les années soient chaudes, ne font que des vins doux.

En général, on peut établir en principe que lorsque la vendange est faite trop tard et que le moût est infiniment sucré, ce qu'on reconnaît lorsqu'il marque 13 à 14 degrés au gleucomètre, on ne doit pas hésiter à ajouter de l'eau (1) par portions à la cuve, le jour de la vendange et du foulage, jusqu'à ce que le moût ne soit plus qu'à 11 ou 12 degrés. L'addition de cette eau remplace celle qu'une saison convenablement pluvieuse aurait amenée dans le raisin, et favorise l'entière conversion du sucre en alcool.

A l'appui de cette opinion qui, au reste, n'est pas nouvelle, je citerai un fait résultant de ma propre expérience. En 1819, je portai un aréomètre chez un de mes amis, au quartier de Séon, pour assister à sa vendange. Le moût étant dans la cuve, marquait 13 degrés ½. Sur 13 hectolitres de moût je fis ajouter 1 hectolitre d'eau. Ce mélange étant brassé à l'aide d'une perche, on reconnut la densité du moût au moyen d'un aréomètre qui n'y marquait plus que 11 degrés ½, terme auquel je le désirais.

---

(1) Le propriétaire doit présider lui-même à l'addition de l'eau dans la cuvē en fermentation ; ce ne sera qu'avec réserve qu'il l'y ajoutera par petites portions dont il fera opérer le mélange avec le moût au moyen d'une perche. Il s'assurera de temps en temps si le moût ne marque plus que 12 degrés au gleucomètre. A ce terme il cessera de faire cette addition à laquelle il ne devra se résoudre qu'autant que le moût de sa vendange marquera 13 à 14 degrés.

La fermentation s'établit ensuite, et au bout de six jours le vin fut achevé. Dans six mois ce vin, d'un goût excellent, avait déjà acquis un caractère de vétusté.

Assurément on aurait un résultat dangereux si, après la fermentation d'un vin encore douceâtre, on y ajoutait de l'eau pour terminer la fermentation insensible ; le vin serait dans le cas de s'acétifier.

Les justes proportions d'eau et de principe sucré pour faire un vin sec et spiritueux sont si bien établies par la nature, que les vins cuits restent toujours doux, quelque vieux qu'ils soient. Qu'on ne dise pas ici que c'est en raison de ce que le moût a éprouvé l'action du feu que le sucre en excès n'y est pas décomposé. On reconnaît les mêmes effets au vin clairette qui provient des raisins de ce nom, qu'on laisse partiellement sécher sur des claies au milieu de la paille de froment. Ce vin, dont le moût marque 20 degrés avant de fermenter, reste encore à 10 ou à 12 après sa préparation. C'est ainsi que le jus de mourvède qu'on aura exposé pendant quelques jours au soleil, procurera un vin très-doux, sans cesse fermentant et dont le sucre surabondant ne peut jamais être totalement converti en alcool.

J'ai dû retracer dans l'ensemble de ces observations, les avantages et les inconvéniens qui résultent de la fermentation du moût dans les années sèches et pluvieuses. Qu'on se persuade bien qu'avec un moût convenablement sucré, marquant 11 à 12 degrés à l'aréomètre, on aura dans peu de temps un vin qui se rapprochera d'un caractère de vétusté, plutôt sec que douceâtre. Ce dernier écueil ne fut pas évité en 1822 où la sècheresse, accompagnée d'une chaleur peu commune, accéléra la maturité des raisins ; de sorte que ceux qui vendangèrent aux époques assignées par les agriculteurs, n'obtinrent que des vins doux repoussés par les commissionnaires.

Il faut donc que le propriétaire consulte l'état de la température pour la confection de son vin ; qu'il vendange plus tôt dans les années de sècheresse, et qu'il retarde cette même opération dans les années tempérées ; qu'enfin, si les raisins ne mûrissent pas bien dans certaines contrées, on ait recours aux chaudronnées de moût concentré et bouillant pour l'ajouter à la cuve en fermentation. Ce n'est que par ce moyen qu'on pourra suppléer au défaut de maturité des raisins, car souvent les pluies et les rosées abondantes ne permettent pas de laisser ce fruit sur la vigne au delà du 15 octobre, à moins de l'exposer à la putridité.

Que les propriétaires se pourvoient de bons

gleucomètres (1). Au titre de leur moût, ils pourront juger d'avance de la qualité de leur vin, et parer aussitôt aux défauts du moût exposé dans la cuve. Je ne doute pas que les chimistes de Marseille versés en œnologie ne se fassent un vrai plaisir d'essayer ces instrumens, par le moyen que j'ai déjà indiqué, pour les personnes qui les leur présenteront. C'est en répandant l'usage des aréomètres ou gleucomètres que l'agronome se pénétrera de l'un des principes les plus essentiels de la vinification, et qu'il se préservera de l'incurie de certains vignerons qui n'ont pour base de leurs travaux que la plus aveugle routine.

Après avoir indiqué les divers moyens à employer pour obtenir des vins fins, c'est-à-dire peu colorés, convenablement spiritueux et d'une saveur agréable, enfin généralement recherchés par les classes plus ou moins élevées de la société, je passe à l'énoncé des procédés à mettre en usage pour obtenir des vins colorés et spiritueux.

Méthode pour obtenir le Vin rouge très-coloré.

Cette qualité de vin plus recherchée par la classe du peuple et pour les exportations maritimes, est plus particulièrement obtenue dans quelques communes des départemens du Var et des Bouches-du-Rhône, telles que La Ciotat, Le Beausset, Saint-Cyr et La Cadière. Les procédés usités dans ces diverses contrées peuvent certainement influer sur l'obtention des qualités de vins très-colorés; mais il faut convenir que la nature du sol, la bonne maturité des raisins par rapport à l'élévation de la température, et surtout, l'immense quantité de raisins *Mourvède*, employés à la cuve ou fermentation, contribuent spécialement à procurer à ces vins une couleur très-intense. Notre collègue, M. Toulouzan (1), assure qu'à Bandol, on a également recours au plâtre blanc pour obtenir ce résultat, et qu'il n'entre point à la cuve des raisins blancs ou rouges, dont les sucs pourraient modifier l'intensité de la couleur.

M. Toulouzan explique très-bien le mode d'action du plâtre sur le moût de raisin, et il pense que le plâtre, dont l'affinité pour l'eau est si bien connue, s'empare de l'excès d'humidité des raisins, et se précipite avec la lie, en agissant comme moyen clarifiant.

D'après cela, le plâtre serait encore plus utile dans les pays où les vins proviennent des moûts faibles et susceptibles de tourner;

____

(1) Annales Provençales d'Agriculture, décembre 1827.

c'est alors que si on ne peut avoir recours à l'addition du moût concentré, à la cuve en fermentation, le plâtre serait d'un grand secours pour s'emparer de l'eau surabondante du moût ; la petite quantité de carbonate de chaux qu'il contient dans certaines carrières, sature partiellement l'excès d'acide tartrique du vin ; une trop grande quantité de ce corps terreux deviendrait nuisible, par cela seul que l'acide tartrique, dont on priverait trop le vin, contribue à sa conservation, et que cet acide a été indiqué pour rétablir la couleur des vins tournés.

Je suis cependant de l'avis que le plâtre jouit d'une certaine solubilité dans le vin auquel il procure une saveur légèrement amère ; et, sous le rapport de l'hygiène, il est plus convenable d'ajouter du moût concentré à la cuve, si les raisins sont aqueux, que d'y faire une addition de plâtre.

Ce n'est donc point au moyen du plâtre que je vais conseiller d'obtenir des vins rouges très-colorés. La méthode suivante, employée à Marseille, par M. Lavigne, de Bordeaux, chez M. le marquis de Gaillard, au quartier de Montolivet, en présence d'une commission de l'Académie, m'a paru la meilleure et la plus satisfaisante.

Ce procédé consiste à prendre les moyens nécessaires pour que les rafles et les pellicules de raisins trempent tout-à-fait dans le moût, avant de faire passer celui-ci à la fermentation vineuse, et de les comprimer dans ce liquide par le moyen suivant.

Si la cuve est ronde, on prend exactement le diamètre de son ouverture, et on fait faire un cercle en bois, très-épais et bien consolidé, de la largeur du diamètre de la cuve, de manière à ce que ce cercle puisse facilement y entrer.

Cela fait, on garnit transversalement de très-bonnes cordes tout le vide du cercle, de deux en deux pouces, et l'on fait passer en sens inverse et à des distances à peu près égales, de nouvelles cordes, de manière à former des carrelets en cordages de deux pouces carrés.

Au cas que la cuve soit de forme carrée, et par conséquent en maçonnerie, les montans de cet appareil, également en bois, sont formés de quatre pièces constituant un cadre de la dimension intérieure des cuves. On le garnit également de cordes, comme je viens de le dire pour les cercles des cuves rondes.

Cet appareil, dis-je, est destiné à tenir le marc de raisin comprimé dans le moût durant la fermentation. L'action de la chaleur et la présence de l'alcool formé pendant la vinification contribuent simultanément à extraire la matière colorante des raisins, qui est infiniment plus soluble par l'alcool que par l'eau constituante du moût. Voilà pourquoi dans les cuves couvertes, où l'on laisse le vin pendant un mois, l'alcool formé réagit sur les pellicules du chapeau de la vendange, qui ne s'affaisse qu'après que la fermentation du moût est complète. Par le procédé de M. Lavigne, le vin ne doit séjourner dans les cuves que 12 jours, après lesquels il est entièrement achevé.

Voici comme cet appareil en cordes doit être fixé dans les cuves.

A une certaine hauteur de la partie intérieure des cuves en maçonnerie, c'est-à-dire, au-dessous de celle où le moût et le résultat de la vendange peuvent arriver, on fait bâtir, avant le foulage, au centre de chaque paroi de la cuve, des *buquets* ou supports en bois. Ces supports étant au nombre de quatre, et le moût avec les grappes et les pellicules de raisins ayant été jetés dans la cuve, deux hommes commencent à y introduire le cadre en cordes, qui trouve un appui sur les supports avec lesquels on l'assujettit au moyen de nouveaux liens. Cette opération étant faite, on met sur la cuve un couvercle en planches, ou bien des couvertures de laine avec lesquelles on couvre très-facilement les cuves rondes ; on les fixe encore mieux au moyen de très-fortes cordes, pour empêcher l'introduction de l'air extérieur dans le vin.

Quant aux cuves rondes en bois, on pose à leurs parois intérieures quatre gros clous, devant servir également d'appui au cercle garni de cordes. Par ce moyen, le marc ne peut s'élever et plonge nécessairement dans le vin.

Comme le vin, par ce procédé, doit rester pendant 12 jours dans la cuve, ce long séjour exige que le résultat de la vendange soit garanti, autant que possible, de l'action de l'air extérieur, pour suppléer à l'absence du chapeau destiné à plonger dans le liquide.

Cette méthode, dont j'ai été témoin depuis plusieurs années (1), procura à M. de Gaillard, dans un essai particulier, un vin plus âpre que par l'égrappage, mais deux fois plus coloré que par la méthode ordinaire. Cet essai ayant été comparatif, d'une part, au moyen du procédé de *M. Lavigne*, de l'autre, avec l'appareil *Gervais*, le vin obtenu par ce dernier procédé fut infiniment moins coloré ; car il faut bien remarquer que dans les cuves closes, comme

____

(1) Sur ces entrefaites, le journal de Toulouse annonça que le procédé de M. Lavigne avait été indiqué avant lui, et qu'il paraissait alors du domaine public.

dans celles qu'on laisse ouvertes durant la fermentation , celle-ci fait élever le chapeau de la vendange, qui ne plonge que très-peu dans le vin , et qu'alors ce liquide ne se colore pas davantage que par les procédés les plus usités.

Au contraire, par le procédé de M. Lavigne, la matière colorante qui réside surtout dans la portion intérieure des pellicules de raisin, est tout-à-fait en contact avec le vin dont l'alcool s'empare d'une couleur plus intense.

Ainsi, par quelque moyen que l'on parvienne à faire plonger le marc de raisin dans le moût avant et durant la fermentation à cuve close, on pourra obtenir des vins très - colorés et recherchés par les commissionnaires, pour les exportations maritimes.

Au moyen de douze jours de cuvage, le vin est parfaitement achevé et déjà dépouillé de sa matière féculente ; quelques jours suffisent pour qu'après son introduction dans les tonneaux, il s'y clarifie parfaitement, en conservant sa belle couleur rouge.

De la préparation des Vins Doux.

Les vins doux se préparent ordinairement de trois manières , 1° en opérant, au moyen du feu , la concentration du moût jusqu'à réduction d'un tiers de son volume , et en le livrant ensuite à la fermentation ; 2° en laissant, dans les pays chauds , les raisins sur la vigne , et leur tordant le pédoncule , comme on peut le pratiquer en Espagne , en Grèce et dans tous les climats où les pluies automnales sont rares et n'accélèrent point la pourriture des raisins ; 3° en les exposant au soleil sur des claies , et les rentrant le soir pour les préserver de l'humidité des nuits , foulant ensuite ces raisins et soumettant le moût à la fermentation.

Le moût extrait des raisins à demi desséchés par ces deux derniers moyens, marque depuis 18 jusqu'à 20 degrés au gleucomètre ; dans cet état de concentration , il fermente plus lentement que le moût obtenu des raisins frais. Tandis que celui-ci parcourt, dans l'espace d'un à deux mois , tous les périodes de la fermentation vineuse, le moût concentré ne l'éprouve que très-imparfaitement : 8 à 9 degrés de sucre sont seulement convertis en alcool, et le gleucomètre marque encore dans les vins doux 11 à 12 degrés de sucre, six mois après leur préparation. La raison en est simple , c'est qu'on a fait évaporer l'eau qui aurait complété la fermentation du sucre constituant la douceur de ces vins.

En continuant , la fermentation dans les vins doux n'a jamais un terme tel que le sucre en excès puisse y éprouver une décomposition totale. Au bout de six mois, cette fermentation paraît cesser, puis elle reprend encore lorsque la température devient plus élevée ; en vieillissant , les vins doux acquièrent toujours plus de spirituosité ; on ne les soutire qu'en hiver où on les obtient assez transparens.

On peut donc , en Provence , fabriquer de très-grandes masses de vin cuit ; mais , dans ce pays , les pluies automnales s'opposent à ce qu'on laisse au delà du 15 octobre le raisin sur la vigne pour en compléter la maturité , ou qu'on l'expose au soleil sur des claies sans inconvénient : par l'un ou l'autre de ces moyens, les jours pluvieux occasionnent la pourriture des raisins , ce qui fait que la préparation des vins doux à la manière de ceux d'Espagne est tout-à-fait inusitée dans nos départemens vinicoles.

J'ai pensé que par les secours de l'art on pourrait parer aux intempéries de l'automne , pour préparer avec facilité des vins doux dans tous nos vignobles.

Ce moyen consiste à extraire , de préférence, le moût de raisin mourvède au moyen du foulage ordinaire , de saturer avec la craie ou la poudre de marbre la moitié de la quantité du moût obtenu, et de jeter l'autre moité dans une tonne servant de cuve. Le moût de mourvède, sortant de la fouloire, devra marquer au moins 12 degrés au gleucomètre.

On fait évaporer sur un feu vif, dans une chaudière, le moût saturé et décanté de dessus son dépôt terreux et féculent ; on le fait bouillir jusqu'à réduction de moitié, on enlève les écumes qu'on rejette, après en avoir séparé le liquide clair, et on mêle ce moût bouillant avec le moût frais qu'on a versé dans la cuve.

Ces deux produits mêlés ensemble et agités au moyen d'une perche, marquent environ 18 degrés au gleucomètre après le refroidissement.

On couvre soigneusement la cuve au moyen d'une couverture de laine, et on laisse fermenter ce vin pendant douze jours, après lesquels on procéde au décuvage.

Pour que le vin sorte assez transparent au décuvage, il faut avoir le soin, avant de verser les deux espèces de moût dans la cuve, de mettre devant le bondon de cette dernière, des broussailles de petit chêne qui retiennent la matière féculente ou le ferment dont l'action devient alors inutile.

On remplit parfaitement des futailles de ce

vin doux décuvé ; on met négligemment un bouchon , ou un tuileau sur l'ouverture des barriques , et on abandonne ce vin à la fermentation insensible.

Vers le milieu de l'hiver , on extrait un peu de ce vin de l'une des futailles , et on observe s'il est parfaitement clarifié et assez alcoolique pour être potable. Au cas que sa transparence ne soit pas absolue, on en retarde l'emploi.

Le soutirage des vins doux doit être opéré tous les semestres, au commencement et sur la fin de l'hiver ; la fécule qu'on sépare par ces divers transvasemens réagirait sur le vin si on la laissait en contact avec ce liquide et en troublerait la transparence.

Voici ce que j'ai observé sur la préparation des vins doux obtenus par ce procédé. Lorsque le mélange des deux moûts , dont l'un est réduit à moitié et l'autre tel qu'il sort de la fouloire, marque seulement 16 degrés au gleucomètre , on obtient , après douze jours de fermentation dans la cuve, un vin plus alcoolique et bien plutôt clarifié que s'il marque 18 ou 20 degrés au même instrument.

Ce résultat a pour cause la conversion d'une plus grande quantité de sucre en alcool par l'action énergique du ferment sur la matière sucrée, et parce que le moût à 16 degrés

recèle un peu plus d'eau qui favorise ce changement par la fermentation mieux soutenue et
plus complète, que dans le cas où le mélange
des moûts marque 20 degrés, et se trouve,
par conséquent, chargé de sucre et privé d'une
plus grande quantité d'eau.

Pour se procurer le mélange des moûts à
16 degrés, il conviendra de faire réduire seulement aux trois cinquièmes le moût saturé de
mourvède et de le combiner, comme je l'ai
déjà dit, à la moitié de celui récemment extrait et non désacidifié.

Dans l'un ou l'autre cas, on a pour résultat un
vin roussâtre, de la couleur de celui d'Alicante.

Si on veut obtenir *des vins doux d'une assez
belle couleur rouge*, *comme ceux de Tinto*, on
opérera comme ci-dessus, à la seule différence
qu'on jettera dans la cuve en fermentation
toutes les pellicules de raisin noir provenant
du résultat de cette vendange, et bien privées
de leurs grappes.

Au moyen de l'addition des pellicules de
raisins à la cuve, la fermentation est plus
prompte, tumultueuse, et le vin plus spiritueux et coloré en rouge ; on a le soin de couvrir
aussi la cuve avec des couvertures de laine,
on décuve ce vin au bout de douze jours, et
on le gouverne dans les tonneaux de la même
manière.

Le mourvède n'est pas le seul raisin qu'on puisse employer pour l'obtention des vins doux de couleur rouge ou seulement roussâtre. Dans le premier cas, les diverses espèces de grenache et tous les raisins noirs, à l'exception des *bouteillans*, auront également leur emploi; dans le second, l'uni blanc et rouge, ainsi que la clairette, procureront aussi des vins doux délicieux.

Lorsque ces vins sont trop doux et qu'ils proviennent des moûts à 20 degrés, il convient d'y ajouter, au premier soutirage de mars, la quantité d'alcool nécessaire pour les rendre assez forts et potables ; on n'en met que la quantité nécessaire pour ne pas empêcher la fermentation qui se manifeste encore dans ces vins après cette addition.

Je conseille de saturer la moitié du moût destiné à la préparation des vins doux, afin d'augmenter leur saveur sucrée, et je laisse l'acide et la matière féculente à l'autre portion du moût récemment extrait et jeté aussitôt à la cuve, pour favoriser la fermentation de celui qu'on a saturé et réduit à la moitié de son volume. J'ai démontré par de nombreuses expériences, en 1812, que le tartre et la fécule sont nécessaires à la fermentation vineuse, puisque les moûts privés de ces agens et à quelque degré qu'ils soient ne s'alcoolisent point comme ceux qui les recèlent, et que la plus ou moins grande quantité d'eau contenue dans un moût saturé, ne peut jamais contribuer à le convertir en vin très-spiritueux.

De la préparation du Vin Cuit.

On entend par Vin Cuit le résultat de la fermentation du moût qu'on a fait évaporer jusqu'aux deux tiers de son volume (1). On prépare le plus ordinairement ce vin avec le moût de raisins *clairette* et d'*aragnans*.

Pour préparer le Vin Cuit, on fait fouler ces espèces de raisins ; le moût obtenu est passé à travers de grands cabas de sparte, afin de séparer des pellicules qui sortent toujours de la fouloire ; ou bien si celle-ci est à double fond très-spacieux, on place par-devant le canal de sortie du moût, un faisceau de petit chêne, pour retenir les pellicules et un trop grand excès de matière féculente.

Le moût étant passé de l'une ou de l'autre manière, est mis à évaporer sur le feu dans de

---

(1) Quand je dis jusqu'aux deux tiers de son volume, c'est qu'un tiers de l'eau constituante du moût doit s'être vaporisée par l'action du feu, et qu'il doit rester dans la chaudière les deux tiers du moût employé.

grandes chaudières de cuivre, assez évasées pour faciliter l'évaporation de ce liquide qu'on écume soigneusement durant l'ébullition.

On met à part les écumes dans un cuvier ou dans des terrines.

Lorsque le moût a été réduit d'un tiers de son volume, on le jette, à l'aide d'un pucheux, dans un cuvier que l'on couvre jusqu'au lendemain. Puis on introduit les écumes qu'on a enlevées durant l'ébullition, dans une barrique remplie à moitié de copeaux de bois de hêtre; on y verse par-dessus le moût réduit, et la fermentation ne tarde pas à s'établir. On remplit de ce moût les futailles qu'on ouille, à mesure que la fermentation continue, et lorsque celle-ci est sur le point de cesser, on bouche légèrement les tonneaux.

Quelques fabricans ne séparent pas les écumes du moût pendant l'ébullition; dans ce cas, le moût est susceptible de se caraméliser davantage ou d'acquérir une saveur amère. D'autres n'ajoutent pas les écumes à la fermentation, et ceux-ci opèrent encore plus mal; car la fécule de raisin recélée dans ces écumes est indispensable pour accélérer l'action de ce ferment sur la matière sucrée.

Les copeaux de bois de hêtre, ajoutés au Vin Cuit durant la fermentation, contribuent puissamment à sa clarification. La manière d'agir de ce bois ne m'est pas bien connue ; cependant je soupçonne que le tannin qu'il peut recéler se combine avec la matière végéto-animale du moût et en facilite la précipitation.

La première fermentation du Vin Cuit, c'est-à-dire celle qui est la plus tumultueuse, cesse d'avoir lieu au mois de décembre et encore mieux en janvier ; à cette époque on le soutire et on le met en consommation.

On voit d'après cet exposé fidèle sur ce genre de fabrication, que le Vin Cuit du Midi ne se prépare pas avec parties égales de vin cuit et d'eau de vie à laquelle on ajouterait des aromates, comme le conseille mal à propos l'auteur de l'article *Vin*, du *Dictionnaire d'Agriculture*, et ce qu'on a répété avec tant d'autres erreurs dans le *Manuel du Vigneron*, imprimé en 1826.

Des soins à donner aux Vins dans les tonneaux.

L'art de faire le vin consiste également à l'obtenir aussi parfait que possible, au sortir de la cuve, et à le bien conserver dans les tonneaux. Sans cette dernière condition, on s'expose à perdre le fruit des soins qu'on a

mis à bien observer les effets de la fermentation vineuse.

Les tonneaux sont ordinairement faits avec
du bois de chêne ou de châtaignier. Tous les
œnologues donnent la préférence à ceux de
chêne dont la contexture est moins perméable
par l'air atmosphérique ; les propriétaires les
plus éclairés font construire les tonneaux avec
ce bois, qui, d'après ce que j'ai observé, conserve le bouquet naturel au vin et lui commu-
nique une saveur recherchée.

Plus les douves des tonneaux sont épaisses,
plus le vin est susceptible de se bien conserver ;
on peut aussi se procurer cet avantage dans
la construction des grands comme des petits
tonneaux. La fermentation est d'autant plus active
et mieux soutenue, qu'elle a lieu sur des masses
considérables de vin ; celui-ci est plus tôt fait
dans les grandes futailles que dans les petites.

Avant d'introduire le vin nouveau dans des
tonneaux de chêne neuf, on doit les remplir
d'eau pour les bien imbiber de ce liquide,
qu'on y laisse pendant deux jours, après lesquels
on les vide et on les étuve avec une certaine
quantité d'eau bouillante ; puis on y fait brûler
une à deux mèches soufrées, ou mieux encore
un à deux verres d'esprit de vin qu'on jette

premièrement dans la barrique , et auquel on met le feu en projetant par le bondon de cette dernière un morceau de papier enflammé ; on a le soin de ne pas boucher la futaille durant la combustion de l'alcool.

Ces opérations étant faites , on peut introduire le vin dans ces tonneaux immédiatement après le décuvage ; on ne les bouche que négligemment ou avec un tuileau durant la fermentation insensible ; on les ouille de temps en temps avec le même vin , qu'on conserve pour cela dans de petits vases plutôt que dans de trop grands qui restent souvent en vidange ; on bouche fortement les tonneaux vers le 10 au 12 novembre , et on recouvre le bouchon d'une forte couche de sable humecté pour mieux garantir le vin de l'action de l'air extérieur.

Le vin doit être soutiré ensuite au commencement des mois de mars et de septembre, et ainsi de suite tous les semestres , pour le séparer de la lie dont la présence dans le vin devient très-nuisible.

En effet , la lie contenant le ferment le plus actif , celui qui imprime le mouvement de fermentation au sucre recélé dans le moût de la vendange et le convertit en alcool, exerce une action toute différente lorsqu'elle réagit sur l'alcool formé et le transforme en vinaigre , pour peu que la température soit élevée ou que les tonneaux soient imparfaitement bouchés.

Or , pour que la fermentation acétique n'ait pas lieu dans le vin , il ne faut donc pas négliger d'en opérer les soutirages aux époques déterminées.

Ces préceptes sont également applicables dans le cas où l'on possède de nouveaux ou de vieux tonneaux.

Dans ce dernier cas , ceux-ci doivent être lavés et brossés fortement dans l'intérieur de leur capacité. Pour cela , on y fait entrer un enfant auquel on fournit souvent de l'eau pour opérer ce lavage.

Les tonneaux étant bien lavés , on les fait bien sécher au moyen d'un linge souple, et on y brûle des mèches soufrées ou de l'alcool ; ce dernier procure un arôme plus agréable au vin ; mais l'acide sulfureux résultant de la combustion du soufre mute le vin et le conserve plus parfaitement.

Lorsque les vins proviennent des moûts faibles , aqueux , ou qu'ils ont été obtenus durant les années pluvieuses, on a soin d'y ajouter un litre d'alcool sur six hectolitres de vin , on fait couler doucement l'alcool par la bonde ,

pour qu'il occupe , autant que possible, la superficie du vin et en empêche la moisissure ; cette
opération se fait en novembre , quand on se
détermine à boucher parfaitement les tonneaux.
La moisissure de tous les liquides étant con-
sidérée comme une végétation , celle-ci ne se
produit que par l'évaporation de l'eau qui re-
tombe à la superficie du vin , et ne peut avoir
lieu en alcoolisant sa surface.

Nos agriculteurs , et plus particulièrement la
classe des mégers de notre territoire, ont l'ha-
bitude de laisser le tartre dans les tonneaux.
Cette pratique peut ne pas être pernicieuse,
lorsque le tartre, mêlé de lie , ne contracte
aucun mauvais goût ; mais la présence de ce sel
est dangereuse si le tartre a vieilli et si les
futailles n'ont pas toujours contenu du vin ;
c'est alors que le tartre acquiert des qualités
préjudiciables.

Il vaut donc mieux, chaque année, enlever
le tartre aux tonneaux et prévenir les inconvéniens qui peuvent résulter de sa permanence
dans ces vases.

Nos mégers ont aussi la coutume de laisser ,
après la vente de leur vin , une certaine quantité
de ce liquide dans les futailles pour leur servir
de ce qu'ils appellent *la nourriture*. Cette mé-

thode est bien plus vicieuse que celle dont je viens de parler et amène pour résultat l'alté-ration du vin, sa conversion totale en vinaigre, dont les douves sont fortement imprégnées.

Il est vrai que cette nourriture, occupant une grande surface en comparaison de son petit volume, laisse exhaler tantôt de l'alcool et tantôt de l'acide acétique, dont l'humidité empêche que le bois puisse se dessécher, et le garantit de toute autre odeur plus désa-gréable que celle du vinaigre.

Quoi qu'il en soit et quelques soins que l'on mette à bien nettoyer ces tonneaux avant d'y recevoir le vin au sortir de la cuve, les douves sont encore imprégnées de cette odeur d'acide ; le vin s'en empare aussitôt et acquiert un levain acétifiant.

Il vaut donc mieux abandonner cette méthode préjudiciable à la conservation du vin, et faire bien laver, sécher et soufrer les tonneaux chaque fois qu'on les vide.

Ce dernier moyen, employé par les pro-priétaires instruits, est plus convenable, lorsque les douves des tonneaux sont plus épaisses et qu'elles sont entourées de bons cercles de fer. Dans ce dernier cas, il suffit de les faire laver et soufrer deux fois par an.

Si, au contraire, les douves des futailles sont plus légères, comme on l'observe dans la plupart de celles de six à huit hectolitres, on les lave quatre fois par an, en dedans et en dehors, et particulièrement l'été ; on les sèche ou on les met à égoutter et on y pratique chaque fois le soufrage.

De cette manière, le vin n'est pas susceptible de contracter des défauts en futailles et se conserve parfaitement, puisque les douves ne sont pas empreintes d'acide acétique, et qu'au contraire, la présence de l'acide sulfureux dans ces vases contribue essentiellement à la conservation du vin.

Les vices que je viens de signaler sont enracinés dans nos campagnes, mais le zèle et les lumières des propriétaires pourront concourir, je l'espère, à détruire les vieilles habitudes de leurs mégers.

Cet ouvrage a pour but de répandre les meilleurs procédés pour faire le vin, de parer à l'abondance ou à la médiocrité de matière sucrante du moût et de diriger plus sûrement la marche de la fermentation vineuse : il est également destiné à faire subir au moût de nos raisins les diverses métamorphoses pour en obtenir des vins spiritueux et d'autres de la classe des vins doux, alcooliques, par des procédés praticables dans tous les pays de vignobles.

Il importe que les vins, qui constituent la principale richesse de notre pays, soient perfectionnés ou au moins préparés d'après des vues saines et guidées par l'expérience. Heureux si, par mes observations, j'ai pu contribuer à la propagation des connaissances œnologiques !

FIN.

9 782329 293523